Valery Trusov

Sprężarki odśrodkowe

Valery Trusov

Sprężarki odśrodkowe

Od teorii do praktyki cyfrowej

Wydawnictwo Bezkresy Wiedzy

Imprint

Cover image: www.ingimage.com

This book is a translation from the original published under ISBN 978-620-0-23260-1.

Publisher:
Wydawnictwo Bezkresy Wiedzy
is a trademark of
Dodo Books Indian Ocean Ltd., member of the OmniScriptum S.R.L Publishing group
str. A.Russo 15, of. 61, Chisinau-2068, Republic of Moldova Europe
Printed at: see last page
ISBN: 978-620-0-81142-4

Spis treści

Walerij Jewgienijewicz Trusow

Ilyin Engineering LLC, Kazań

TRYB PRACY SPRĘŻAREK W TECHNOLOGIACH O ZMIENNYM SKŁADZIE SPRĘŻONEJ MIESZANKI.

Słowa kluczowe: sprężarka, wspólna praca sprężarki i sieci

Opracowano metodę i oprogramowanie do trójwymiarowego przedstawiania charakterystyki sprężarki oraz określania wspólnego punktu pracy sprężarki i sieci.

W artykule przedstawiono autorską metodę trójwymiarowego odwzorowania charakterystyki sprężarki oraz wyznaczenia punktu wspólnej pracy sprężarki i sieci.

W pracy przedstawiono oprogramowanie realizujące algorytmy tej metody, przeznaczone do monitorowania trybu pracy stacji kompresorowej, w tym także zdalnej dla stacji automatycznych.

Obecnie charakterystyka sprężarki - zależność poboru mocy i stopnia sprężania od przepływu objętościowego - jest dwuwymiarowa. Przy sprężaniu mieszanek gazów o zmiennym składzie (o zmiennych masach cząsteczkowych) powstają rodziny cech charakterystycznych ze stratyfikacją na masach cząsteczkowych. W celu określenia trybu pracy stacji sprężarek (położenie wspólnego punktu pracy na charakterystyce), wymagana jest analiza gazowa podczas pracy. Ze względu na niedoskonałość analizatorów gazów (duże błędy pomiarowe i niska wiarygodność), analizy gazowe próbek wykonywane są w laboratoriach. Oczywiste jest, że w tym przypadku częstotliwość pobierania próbek jest niska, a koszty materiałów i robocizny są, wręcz przeciwnie, znaczne. Konieczne jest ręczne wprowadzenie wstępnych danych o składzie cząsteczkowym (lub masie) mieszaniny gazów do systemu automatycznego sterowania (ACS).

Z własnego doświadczenia jako główny projektant projektów sprężarek odśrodkowych podam kilka typowych przykładów zmian w składzie molowym sprężonych mieszanek podczas pracy. W rafineriach katalitycznych gęstość ściśliwa dwuskładnikowej mieszaniny azotu i wodoru wzrasta o 30% z powodu zmian w składzie spowodowanych "zanieczyszczeniem" katalizatora. (Ten okres wzrostu od momentu uruchomienia do regeneracji katalizatora wynosi około półtora roku). Podczas pracy powiązanej sprężarki transportującej gaz, gęstość sprężonej mieszanki zmienia się (zmniejsza) zarówno na skutek zmian składu, jak i na skutek spadku ciśnienia w głowicy odwiertu podczas eksploatacji złoża.

Zaproponowałem trójwymiarową metodę przedstawienia charakterystyki sprężarki w postaci powierzchni o współrzędnych - pobór mocy w zależności od ciśnienia bezwzględnego w odbiorze i gęstości normalnej mieszaniny (która jest określona przez masę cząsteczkową mieszanki gazowej w ciśnieniu normalnym i prawie stałej temperaturze w odbiorze) W układzie przyrządów pomiarowych o wspólnych nazwach będzie wyglądał wzór na obliczenie gęstości normalnej (w temperaturze mieszanki w odbiorze, przyjętej jako normalna):

$$\square=98066*\square/(8314,5*T)$$

(1)

Pochylenie i położenie powierzchni - charakterystyka w przestrzeni współrzędnych zależy od ciśnienia tłoczenia przy zastosowaniu napędu sprężarki o stałej częstotliwości. W przypadku zastosowania napędu turbiny gazowej o zmiennej prędkości obrotowej - parametr ten wpływa również na położenie powierzchni w przestrzeni współrzędnych (moc wzrasta proporcjonalnie do kwadratu zmiany częstotliwości).

Jaka jest zaleta proponowanej metody? - Wszystko jest proste: położenie wspólnego punktu pracy sprężarki i sieci na powierzchni, a więc normalna gęstość i mieszanka gazów molekularnych, jest określana na podstawie zmierzonych wartości ciśnienia w odbiorze i zużycia energii. W ten sposób sama sprężarka pełni funkcję analizatora gazów z częstotliwością próbkowania dynamicznych parametrów gazu bez zwiększania objętości pomiarów rutynowych. Możliwe zastosowania tej metody nie ograniczają się tylko do monitorowania, można ją wykorzystać do zbudowania całej logiki sterowania sprężarką, w tym ekonomicznej bezciśnieniowej mieszanki gazów dławiących z napędem regulującym prędkość obrotową.

Podczas opracowywania oprogramowania do monitorowania trybu pracy stacji sprężarek pojawiło się pytanie, w jakiej formie przybliżona będzie powierzchnia. Założono, że zmiana współczynnika sprawności i ciśnienia sprężarki w obszarze regulacji będzie nieistotna, a zatem pobór mocy będzie proporcjonalny do gęstości mieszaniny gazów (ciśnienie produktu przy normalnej gęstości) w odbiorze, powierzchnia będzie przybliżona do płaszczyzny. Okno aplikacji flash przedstawione jest na Rys.1. Punktem przecięcia się linii na odcinku pośrednim jest punkt połączenia. Zmierzone i obliczone parametry w tym momencie są zsumowane w tabeli. Program jest chroniony przez Rospatent reg.№ 2013611319.

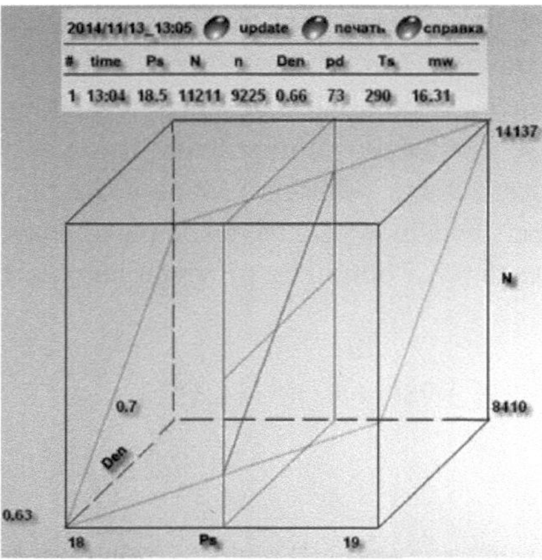

Rys.1

Dalszą kontynuacją i specyfikacją charakterystyki było przedstawienie powierzchni przez rodzinę linii prostych o różnych kątach nachylenia. W tym przypadku powierzchnia została zdefiniowana za pomocą czterech punktów kątowych (podczas gdy trzy punkty odniesienia były wystarczające do wyznaczenia płaszczyzny poprzedniego wariantu). Zrzut ekranowy programu Excel - aplikacja przedstawiona jest na rys. 2.

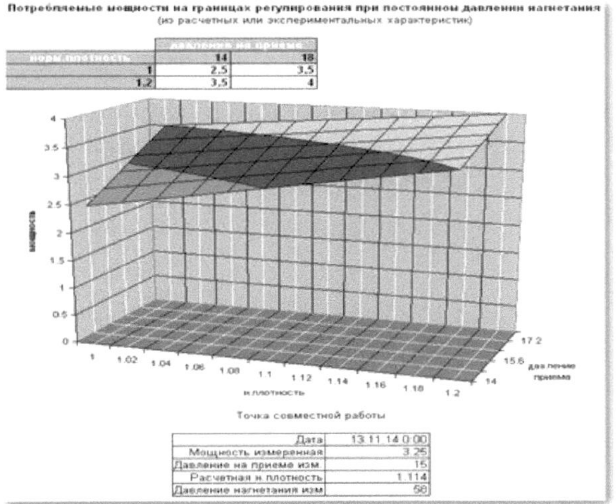
Потребляемые мощности на границах регулирования при постоянном давлении нагнетания
(из расчетных или экспериментальных характеристик)
давление на приеме
норм.плотность
14
18
1
2.5
3.5
1.2
3.5
4
мощность
4
3.5
3
2.5
2
1.5
1
0.5
0
1
1.02
1.04
1.06
1.08
1.1
1.12
1.14
1.16
1.18
1.2
н.плотность
17.2
15.6
14
давление приема
Точка совместной работы
Дата
13.11.14 0:00
Мощность измеренная
3.25
Давление на приеме изм.
15
Расчетная н.плотность
1.114
Давление нагнетания изм
58

Rys. 2.

Walerij Jewgienijewicz Trusow

Ilyin Engineering LLC, Kazan.

TRÓJWYMIAROWA CHARAKTERYSTYKA SPRĘŻARKI PRZY ZMIENNYM CIŚNIENIU TŁOCZENIA I STAŁEJ PRĘDKOŚCI OBROTOWEJ WIRNIKA.

Słowa kluczowe: sprężarka, wspólna praca sprężarki i sieci, układ sterowania

Opracowano metodę i oprogramowanie trójwymiarowego przedstawiania charakterystyki sprężarki oraz wyznaczania punktu wspólnej pracy sprężarki i sieci przy zmieniającym się składzie sprężonej mieszanki i zmiennym ciśnieniu tłoczenia. Dodatek uzupełnia się o obliczenie kosztów objętości i masy w miejscu wspólnej eksploatacji.

Praca ta wraz z oprogramowaniem użytkowym stanowi dalsze rozwinięcie autorskiej metody trójwymiarowego (3D) przedstawienia charakterystyki sprężarki o stałej prędkości obrotowej wirnika przy zmiennym składzie mieszanki sprężonego gazu i ciśnieniu tłoczenia. Charakterystyka przestrzenna sprężarki jest reprezentowana przez zależność poboru mocy sprężarki od ciśnienia wlotowego sprężarki i gęstości normalnej (lub masy cząsteczkowej sprężonej mieszanki) w temperaturze gazu na wlocie. Główną zaletą tej metody jest to, że określenie punktu połączenia nie wymaga chemizacji składu sprężonej mieszaniny gazów (masa cząsteczkowa lub normalna gęstość mieszanki jest obliczana bez zwiększania standardowej objętości pomiarów). Autor zaproponował przybliżenie charakterystyki powierzchni tworzonej przez linie proste o różnych kątach nachylenia. Do określenia tej powierzchni przy stałym ciśnieniu wtrysku wystarczy podać 4 punkty na krawędziach kostki współrzędnych. Punkt wspólnej pracy sprężarki i, odpowiednio, normalną gęstość mieszanki gazowej określa się na podstawie punktu przecięcia powierzchni przez linię mierzonej mocy leżącej w płaszczyźnie mierzonego ciśnienia. Wskazówka: ponieważ metoda ta jest przeznaczona do monitorowania trybu pracy sprężarki odśrodkowej i stosowania w układach automatyki, należy wybrać najniższe ciśnienie dla trybu pompy wstępnej, a najwyższe przed rozpoczęciem odchyleń mocy od przyrostu monotonicznego. Ta powierzchnia jest analitycznie przedstawiona jako rodzina o prostym wyglądzie:

$$N=A0(den)+A1(den)*ps \quad (1)$$

lub

$$N=A01+A11*den+(A02+A12*den)*ps \quad (2)$$

gdzie *ps to ciśnienie na wlocie sprężarki,*

N to moc pobierana przez sprężarkę,

A ij są współczynnikami przybliżenia liniowego uzyskanymi z obliczonych lub eksperymentalne działanie sprężarki.

den - normalna gęstość w temperaturze odbioru sprężarki oraz przy ciśnieniu 1 atm, (dla półzamkniętych sieci hydraulicznych rafinerii). typowa wartość temperatury 313 K), wzór jest następujący obliczenia w układzie SI (kg/m3)

$$den = 98066*\mu/(8314.5*T'') = 98066*\mu/(8314.5*313) = 0{,}0377*\mu \quad (3)$$

gdzie *μ jest masa cząsteczkowa mieszaniny gazów ściśliwych.*

W ten sposób, zgodnie z zmierzonymi wartościami ciśnienia ps i mocy N, jednoznacznie określa się normalną gęstość mieszanki den oraz położenie wspólnego punktu pracy sprężarki i sieci hydraulicznej w przestrzeni współrzędnych.

Jak już wspomniano w **[2]**, nachylenie i położenie powierzchni - charakterystyka sprężarki w przestrzeni współrzędnych (moc z normalnej gęstości i ciśnienie przy odbiorze) będzie zależała od ciśnienia tłoczenia przy zastosowaniu napędu sprężarki o stałej prędkości obrotowej (Rys.1).

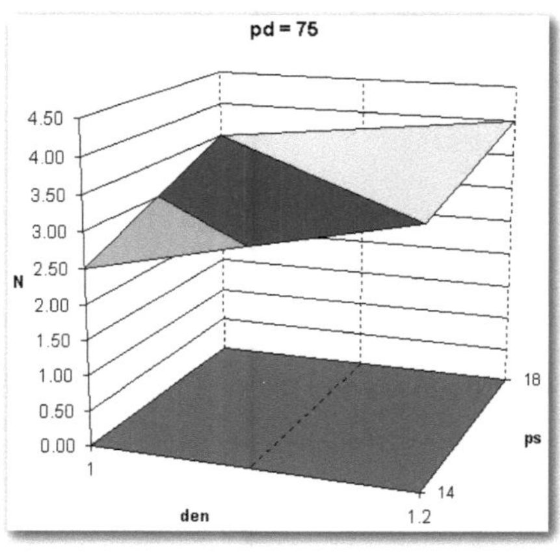

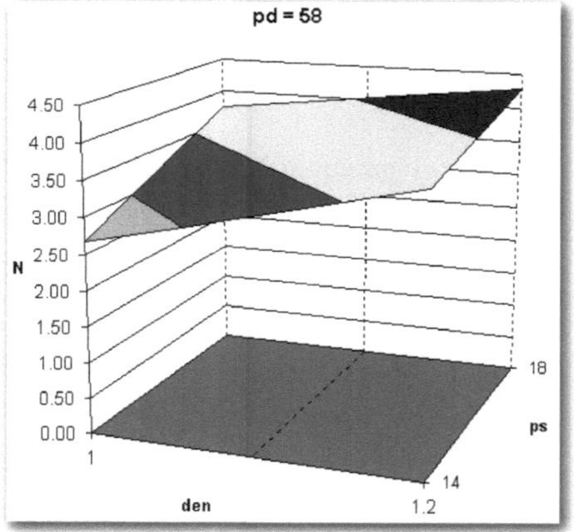

Rys.1 Nachylenie i położenie powierzchni - charakterystyka sprężarki w przestrzeni współrzędnych zależy od ciśnienia tłoczenia.

Zależność mocy od ciśnienia tłoczenia w charakterystycznych punktach odniesienia przyjmuje się liniowo :

$$Ni=Boi+B1i*pd \quad (4)$$

Proponowana metoda i uzyskane relacje mogą być stosowane:

- do monitorowania pracy sprężarki,
- w układach sterowania automatycznego z dławieniem wypływu,

- w układach automatycznego sterowania poprzez zmianę prędkości obrotowej napędu.
- do oszacowania objętości i masowego natężenia przepływu sprężonego gazu, przy czym gęstość mieszanki gazowej w punkcie wspólnego działania jest równa produktowi:

$$\rho \quad = den*ps / 1 \qquad (5)$$

gdzie *ps jest w atm (kG/cm2)*

Excel jest aplikacją, która implementuje algorytm metody w Kingsoft Spreadsheets Free 2013, nie zawiera makr i posiada dwujęzyczny interfejs.

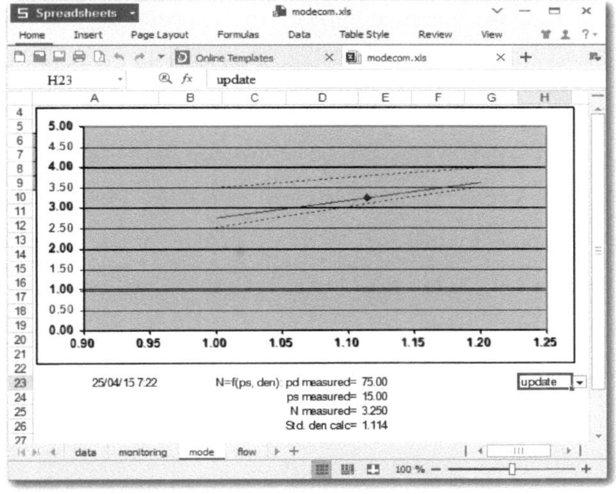

Rys.2 Ekran monitorowania trybu pracy sprężarki. To jest pokazane:

wspólny punkt pracy i granice zakresu kontroli,

minimalnie i maksymalnie

ciśnienie na wlocie sprężarki (linia kropkowana).

Aplikacja ta może być stosowana w systemach monitoringu, jak również w automatycznych układach sterowania z dławieniem tłoczenia lub (i) w systemach ekonomicznego sterowania agregatami sprężarkowymi poprzez zmianę prędkości obrotowej napędu.

Zestawienie aplikacji w . ods (LibreOffice Calc)

Walerij Jewgienijewicz Trusow

Ilyin Engineering LLC, Kazan.

ZWIĘKSZENIE NIEZAWODNOŚCI DWUSEKCYJNEJ SPRĘŻARKI ODŚRODKOWEJ.

Słowa kluczowe: sprężarka, wspólna praca sprężarki i sieci, układ sterowania

Rozważane są możliwe przyczyny wypadków na dwusekcyjnej sprężarce odśrodkowej z umiejscowieniem wirników "z powrotem do tyłu". Zalecane są sposoby zwiększenia niezawodności takich sprężarek.

Uwzględnia się możliwe przyczyny wypadków na dwusekcyjnej sprężarce odśrodkowej z umiejscowieniem wirników "tyłem do siebie" i napędem z turbiny gazowej. Agregat sprężarkowy jest przeznaczony do pompowania gazu towarzyszącego do głównego rurociągu gazu ziemnego. Charakterystyczną cechą urządzenia jest obecność znaczącej, połączonej przekrojowo objętości (określanej w dużej mierze przez objętość suszarni). Wszystkie awarie (a było ich kilka, również po wdrożeniu środków zaproponowanych przez poddostawców w celu ich likwidacji) miały miejsce w trybie wyłączenia awaryjnego i polegały na tym, że w trybie wyłączenia awaryjnego siła osiowa działająca na wirnik sprężarki zmieniała kierunek (znak), a łożysko magnetyczne ulegało zmiażdżeniu (czyli w wartości przewyższała wartość dopuszczalną). Brak niezbędnych pomiarów i aktualnego cyklogramu wyzwalania jednostek ACS utrudnia analizę tego zdarzenia i czyni wnioski przypuszczalnymi. Nie wdając się w szczegóły dotyczące przyczyn włączenia trybu zatrzymania awaryjnego należy zauważyć, że w momencie włączenia trybu zatrzymania awaryjnego parametry gazowo-dynamiczne i prędkość obrotowa wirnika były zbliżone do obliczonych.

Analiza możliwych przyczyn wypadków. Schemat sił osiowych działających na wirnik dwusekcyjnej sprężarki (Rys.1). FVN - siła zewnętrzna przenoszona przez sprzęgło (kierunek działania zależy od rodzaju napędu i sprzęgła), jest niewielka i jest wykluczona z dalszej analizy. W punkcie obliczeniowym siła pochodząca z kół sekcji wysokociśnieniowej (HPC) przekracza siłę pochodzącą z kół sekcji niskociśnieniowej (LPC), a średnica manekina przekroju poprzecznego jest dobrana tak, aby osłabić całkowitą siłę działającą w kierunku wlotu HPC, ale nie zmienić jej znaku (aby zminimalizować nieszczelność).

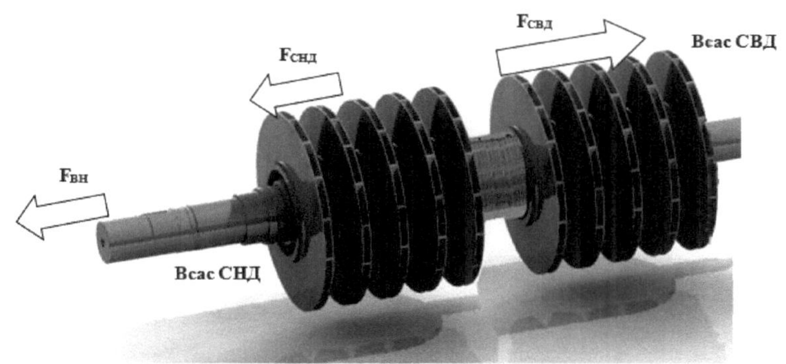

Rys.1 Siły działające na wirnik sprężarki.

Analiza ilościowa sił osiowych. Aby nie komplikować rozumienia materiału w tym rozdziale, postanowiono nie abstrahować od specyfiki i podano obliczenie sił osiowych danej sprężarki. W sprężarce zastosowano zawieszenie magnetyczne S2M o maksymalnej nośności 4000 kG z dwustronnym łożyskiem oporowym. Poniższy wykres (Rys.2) przedstawia wyniki obliczeń powstałych sił osiowych w zależności od prędkości obrotowej wirnika sprężarki. (Obliczona prędkość obrotowa wirnika sprężarki 9000 ... 9300 obr/min). Biorąc pod uwagę warunkowość koncepcji maksymalnego wydatku oraz możliwość dalszej ekstrapolacji cech charakterystycznych na zwiększone wydatki, zasadniczo możliwe jest praktycznie zerowanie siły osiowej na SVD. W tym przypadku wynikowa siła osiowa będzie w przybliżeniu (maksymalnie przy 8000 obr/min) równa sile osiowej z SVD (5700 kG). Nie posiadając cykloogramu wyłączenia awaryjnego, należy przyjąć, że w przypadku wyłączenia awaryjnego wyłączenie turbiny gazowej paliwa i otwarcie awaryjnego zaworu wylotowego gazu z przewodu wylotowego następuje jednocześnie, przy dużej szybkości wylotu gazu, w obecności znacznych objętości połączonych ze sobą przekrojami (ciśnienie gazu na wylocie gwałtownie spadnie w tym samym czasie ze względu na znaczną objętość połączoną ze sobą przekrojami, spadek ciśnienia na wlocie SVD nie będzie "salwą", wynikowa siła osiowa SVD będzie praktycznie zerowa) wynikowa siła osiowa zmieni swój kierunek i będzie w przybliżeniu równa sile osiowej SVD plus/minus siła osiowa w manekinie (która zmienia swoją wartość w trybie przejściowego zatrzymania awaryjnego i może również zmienić swój kierunek).

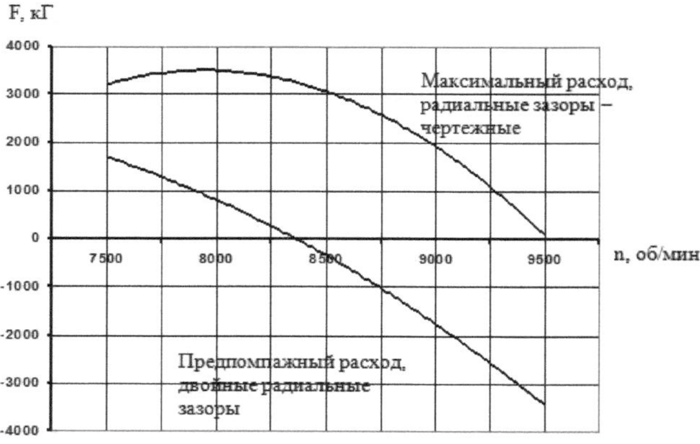

Rys.2 Wynikająca z tego siła osiowa.

Wirnik przyspieszy po przeciwnej stronie łożyska oporowego, dodając do siły statycznej składnik dynamiczny (inercyjny) (ten sam znak). Biorąc pod uwagę, że ruch osiowy w sprężarce jest nieistotny (1 ... 2 mm) - element ten nie jest tutaj uwzględniany w ilościowej ocenie sił.

Możliwym rozwiązaniem tego problemu bez przeprojektowania obwodu gazowego może być ponowny pomiar elementu zatrzymującego zawieszenie magnetyczne. Prawdopodobnie istnieją inne metody poprawy niezawodności agregatu sprężarkowego. Przykładowo, należy rozważyć możliwość wprowadzenia jedynego trybu wyłączenia awaryjnego z minimalną modernizacją obwodu gazowego, polegającą na przeniesieniu ciągu odciążającego od tłoczenia sprężarki do wlotu UHD. Przy takim rozwiązaniu, tryb awaryjny spowoduje spadek ciśnienia na wlocie SVD (i przy wtrysku SVD), podczas gdy SVD będzie pracował na obejściu w trybach przedstartowych ze spadającą siłą osiową na nim spowodowaną spadkiem ciśnienia na wlocie i spadkiem SVD. ASD będzie działać przy wyższych kosztach ze względu na zmniejszone ciśnienie, którym dysponuje i ciśnienie utrzymywane na jego wlocie, a także przy zmniejszonej sile osiowej.

Optymalizacja gazowych sprężarek odśrodkowych

Cowards V.E.

Ilyin Engineering LLC, Kazan.

Opracowany algorytm i arkusze kalkulacyjne do obliczeń, parametryczne modele wirników pełnych, ich części i zespoły montażowe w formacie FreeCAD 0.16 dla sprężarek odśrodkowych o wysokiej wydajności.

Słowa kluczowe: sprężarka, automatyzacja obliczeń, projektowanie, produkcja

Wyznacznikiem trendów w projektowaniu sprężarek odśrodkowych z pionowym złączem obudowy jest firma Dresser (USA). "Nasze doświadczenie i innowacje w projektowaniu sprężarek odśrodkowych serii DATUM® pozwoliły nam na stworzenie maszyn o wysokiej wydajności (efektywności). Projektowanie CAD i zaawansowana technologia produkcji skutkują wysoką wydajnością i długą żywotnością sprężarek odśrodkowych, a modułowa konstrukcja serii DATUM® zapewnia łatwą konserwację. (Dresser-Rand, A Siemens Business).

W 1972 roku. Chimprom z ZSRR zakupił od firmy "Dresser-Clark" licencję na rozwój i produkcję sprężarek odśrodkowych z pionowym złączem obudowy. W latach 1972-1978 produkcja sprężarek na tej licencji została opanowana w tłoczni w Kazaniu i jest kontynuowana w Kazankompressormash JSC (część grupy HMS) do dnia dzisiejszego. Podobne sprężarki są również produkowane w Iskra NPO (Perm) oraz do niedawna przez szereg innych firm (np. japońskie Mitsubishi). Pionowe sprężarki odśrodkowe z podziałem pionowym znalazły szerokie zastosowanie w przemyśle petrochemicznym oraz w przetwórstwie ropy naftowej i gazu. A szereg parametrów, takich jak różny skład materiału wsadowego, katalizatory, powoduje, że nawet w przypadku ujednoliconej produkcji, różne stopnie sprężarki są różne. Cechą wyróżniającą poprzednią serię Dresser jest dyskretny zestaw stopni, a więc generalnie praca kilku stopni sprężarki przy nieoptymalnej wydajności. Inną cechą produkcji rosyjskiej jest projektowanie projekcyjne i produkcja archaiczna, z koniecznością wytwarzania i naprawy szerokiej nomenklatury sprzętu i urządzeń. Projektowanie i przygotowanie produkcji trwa zatem kilka miesięcy, a liczba projektantów, technologów i pracowników przemysłowych zaangażowanych w realizację zamówienia - kilkadziesiąt. Nowoczesna seria DATUM ® to: ciągła seria kroków z optymalną wydajnością i rezerwą na pompie, zautomatyzowane obliczenia i półprzewodnikowe modelowanie parametryczne z wydajnością pracochłonnych operacji na maszynach CNC, co decyduje o krótkim czasie dostawy, niskich kosztach i eliminacji błędów spowodowanych czynnikiem ludzkim.

Celem mojej pracy, której częścią jest niniejsza publikacja, jest powtórzenie ewolucji konstrukcji sprężarek firmy Dresser, przy użyciu dostępnego bezpłatnie oprogramowania: do obliczeń - arkusze kalkulacyjne LibreOffice. Oblicz 5.x i dla modelowania parametrycznego brył - freeCAD 0.16 (Juergen Riegel's).

Za co:

– Zależność optymalnej wydajności polipropów i współczynnika ciśnienia poszczególnych stopni Obciążarka od zredukowanego przepływu V/n [m3/obr] jest przybliżona (Rys.1).

– Wybór geometrii (na podstawie szerokości kanału wirnika na średnicy zewnętrznej - b2) oraz prototypu stopnia dyskretnego dokonywany jest na podstawie optymalnej wartości stopnia V / n ciągłego szeregu stopni oraz najbliższego stopnia dyskretnego (rys. 4,5).

Ponieważ główne rozmiary sprężarek odśrodkowych stosowanych w przemyśle petrochemicznym to sprężarki do różnych mieszanek gazów i o różnym stopniu sprężania, o średnicy wirnika 20 cali (508 mm), maksymalnej wydajności 250 m3/min, o wydajności jednostkowej od 2,5 do 6,3 MW, skupiono się głównie na nich.

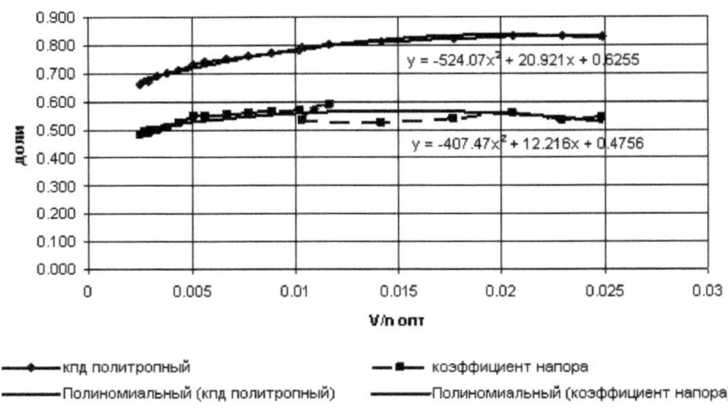

Rys. 1. Zależność współczynnika cpd i head od podanego natężenia przepływu (Dresser, xxx3b)

Przybliżenie optymalnej wydajności polipropów (górny rząd) i współczynnika nacisku stopniowego wysokowydajnej podstawy xx3b Dresser z 20 calowymi kołami.

W dyskretnym szeregu stopni do pompowania "lekkich" - zawierających wodór mieszanek jednej wielkości, moc napędowa, współczynnik grzania i sprężania są stosunkowo niskie (patrz Rys.2 dla sprężarki 5-stopniowej).

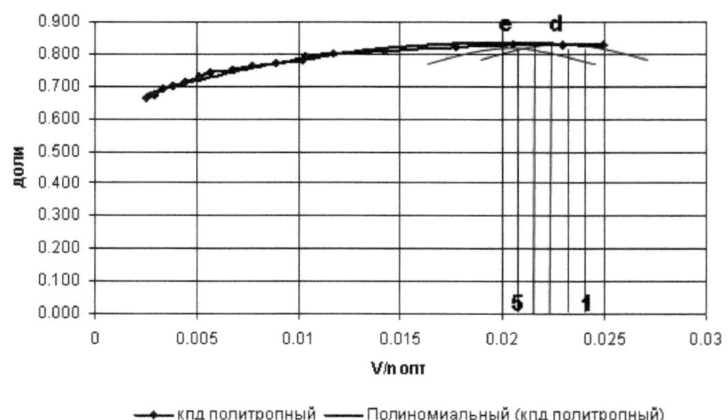

Rys.2. Wybór dyskretnych wielkości stopni przy sprężaniu "lekkich" mieszanek gazów.

Przy sprężaniu "ciężkich" mieszanek, nawet w sprężarce 5-stopniowej, stosuje się zarówno szerokie jak i wąskie koła (patrz Rys. 3). Charakterystyka stopnia jest stroma i oba znajdują się poniżej optymalnych wartości na pośrednim V/n. Jednocześnie zmieniają się zapasy pomp (w tym maleją).

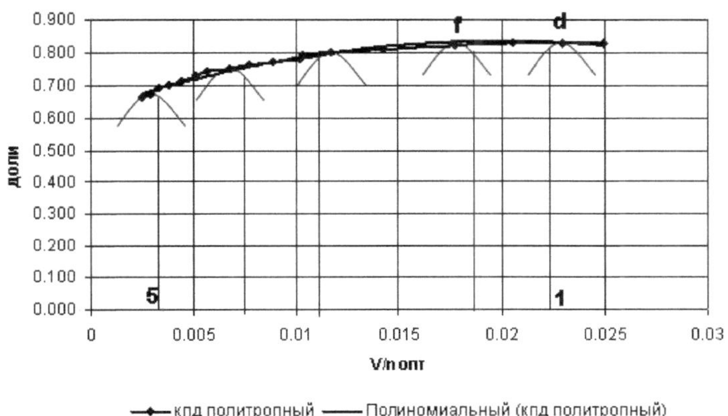

Rys.3. Wybór dyskretnych wielkości stopni przy sprężaniu "ciężkich" mieszanek gazów

Unikając powyższych wad projektowania sprężarek odśrodkowych na bazie stopni dyskretnych, pozwala na zastosowanie zestawu stopni z serii ciągłej, pracującej w optymalnych punktach, o szerokości wirników, wyznaczonej równaniami linii trendu (co zostanie pokazane poniżej jest dość odpowiednim przybliżeniem liniowym).

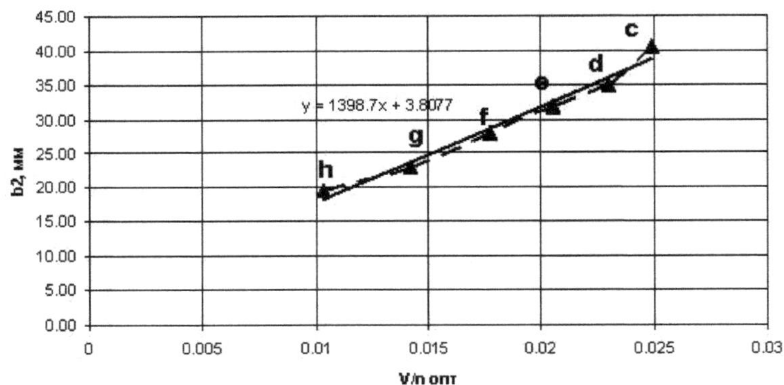

Rys. 4. Zależność szerokości kanału od danego przepływu od zewnętrznej średnicy wirnika (b2) dla przepływu 0,012-0,025 (koła z łopatkami przestrzennymi) ciągłego szeregu stopni ze znakami stopni licencjonowanych (dyskretnych), na których oblicza się współczynniki przybliżenia liniowego (x-V/n hurtowo; y-b2).

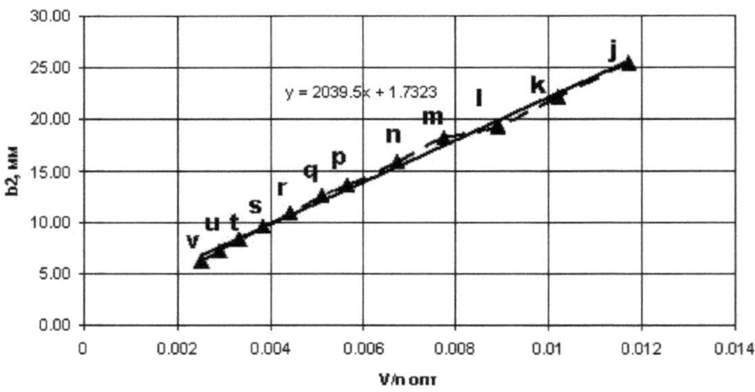

Rys.5. Zależność szerokości kanału od podanego natężenia przepływu dla wydatków 0,002-0,012 (koła z łopatkami cylindrycznymi).

Równanie linii trendu jest pokazane na wykresie (x-V/n hurtowo; y-b2).

Na podstawie podanych i innych przybliżeń opracowuje się kompleksowe obliczenia optymalnej sprężarki w formatach xls (MS Exsel) i ods (LibreOffice), w tym arkusze: książka referencyjna, termofizyka, dynamika gazu, manekin, modele, siły osiowe, bicie, pozwalające na zaprojektowanie sprężarki z bardzo efektywnymi krokami z rzędu ciągłego na zadanych parametrach. Argumentem mówiącym o przybliżeniach może być również współczynnik przepływu.

W freeCAD 0.16 (Juergen Riegel's) w jednym pliku wykonywane są modele parametryczne bryłowe wirnika ciągłego od wymiaru "P" do "V". W osobnym pliku, wirnik jest montowany z nich. Modele typu Stl są eksportowane z oddzielnych gałęzi drzewa konstrukcyjnego wirnika: zgrubne puste miejsce na dysku pokrywy, puste miejsce na dysku pokrywy do frezowania łopatek, dysk pokrywy ostatecznie obrabiany z dowolną wysokością łopatek, a także puste miejsce i ostatecznie obrabiany dysk główny.

Surface (mesh) stl format jest podstawowym formatem dla drukarek 3D i podstawowym formatem modelu importowanym do programów do generowania kodu maszynowego CNC. Koła o przeciwnym kierunku obrotów są generowane przez edycję tylko jednego parametru. Opis modelowania odśrodkowych kroków roboczych i wirników oraz zalety i wady freeCAD 0.16 można znaleźć w prezentacji, którą można pobrać pod odpowiednim linkiem w dziale "Sprężarki" na stronie internetowej autora http://valetsoft.umi.ru. Prezentowane są również arkusze kalkulacyjne sprężarek z wyborem optymalnych etapów.

Walerij Jewgienijewicz Trusow

freelancer, Kazan

TANDEM STACJI KOMPRESOROWEJ.

Słowa kluczowe: tłocznie, agregaty sprężarkowe gazu, GPA, wspólne tryby pracy tandemowych tłoczni.

Opracowano arkusze kalkulacyjne do obliczania optymalnych trybów pracy

wspólna praca tandemu stacji kompresorowych.

W związku z zagospodarowaniem złóż gazu (spadek ciśnienia na głowicy odwiertu) istnieje potrzeba wybudowania dodatkowej stacji kompresorowej - niskociśnieniowej stacji kompresorowej (LPC), pracującej przy spadającym ciśnieniu przy odbiorze kompresorów swoich zespołów kompresorowych gazu (GPA). Gaz sprężony w tłoczni ND jest następnie doprowadzany do tłoczni wysokiego ciśnienia (HPC), a następnie do gazociągu przesyłowego. Zasadniczy schemat przepływu w takim tandemie stacji sprężarek pokazano na rysunku 1.

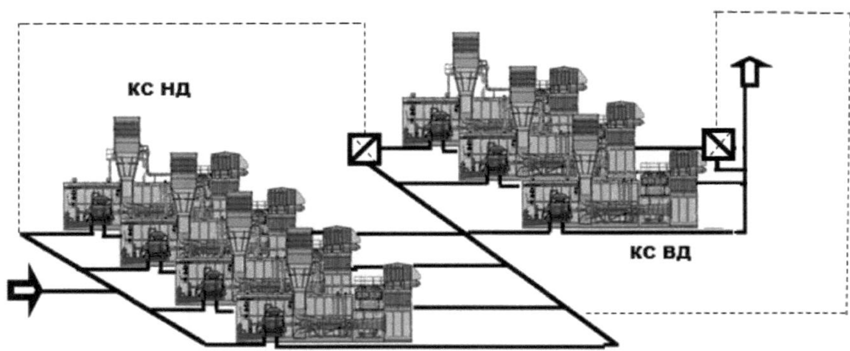

Rys.1 Schemat przepływu głównego dla tandemowych stacji sprężarek.

Tryb pracy tandemu stacji kompresorowych (wspólny punkt pracy) jest określony przez przecięcie charakterystyki ciśnieniowej stacji, a mianowicie krzywej ciśnieniowej ciśnienia tłoczenia stacji kompresorowej KS PD z linią ciśnienia ssania stacji kompresorowej KS PD plus straty ciśnienia hydraulicznego na urządzeniach międzystanowiskowych. Głównym zadaniem zapewnienia niezawodnej pracy tandemu z wysoką wydajnością i produktywnością bez dławienia przepływu będzie obliczenie przybliżonych zależności prędkości ustawiania wolnych turbin GPU obu stacji od ciśnienia w głowicy odwiertu. Jednocześnie na poszukiwania nakłada się szereg warunków brzegowych, a mianowicie: konieczność posiadania rezerwy na pompę sprężarki, limity siły osiowej działającej na wirniki sprężarki, głębokość regulacji obrotów i limity mocy turbin zasilających GPU, ciśnienie w rurze przesyłowej gazu. Taka wieloczynnikowa analiza w celu wybrania optymalnego punktu na przecięciu obszarów roboczych tłoczni ND i tłoczni VD determinuje zastosowanie metody grafoanalizy, która została zaimplementowana w ogłoszonej poniżej aplikacji.

Tabele formatu międzyplatformowego . Tabele międzyplatformowe xls są wolne od makr, mają dwujęzyczny interfejs i zostały pomyślnie przetestowane w Windows XP+/MS Office 2003 Excel/LibreOffice Calc/WPS SpreadSheets; Linux Mint/LibreOffice SpreadSheets; Android 2.3.6/ WPS SpreadSheets.

Dane źródłowe są wybierane z list, dzięki czemu nie jest trudno opanować pracę z aplikacją. Aplikacja jest zilustrowana następującymi zrzutami ekranu.

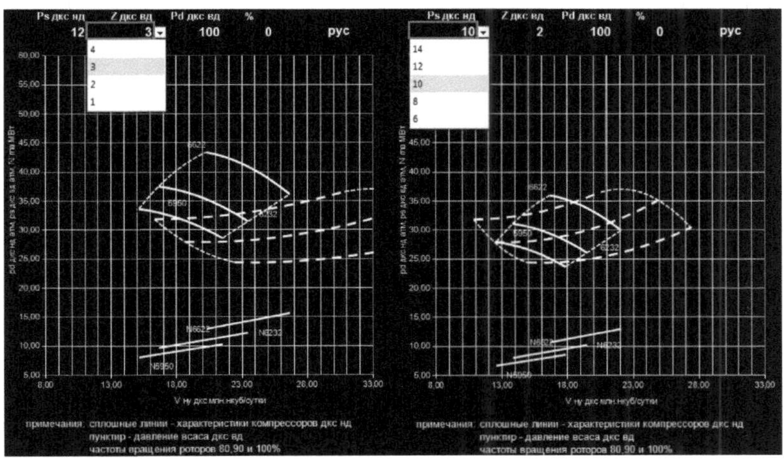

Rys.2 Przy redukcji ciśnienia z 12 do 10 atmosfer racjonalne jest wyłączenie jednego z urządzeń SPA KS VD.

Rys.2 pokazuje rzeczywiste obliczenie tandemu "Shurtan" CS (Uzbekistan). Przedstawiono wariant dla smartfonów i tabletów (z czarnym tłem). Przy ciśnieniu odbioru tandemowego 10 atm i niższym (patrz Rys.3), ze względu na ograniczenia wydajności pomp w sprężarkach GPA KS VD, jeden z agregatów KS VD powinien być wyłączony (lub przełączony na pracę równoległą z agregatami KS VD w celu zwiększenia wydajności). Rys.2 przedstawia tryby pracy i przybliżenia dla wariantu bez rekomendowania (% wzrostu wydajności - 0), przy rekomendowaniu w odpowiedniej komórce (arkusz E2 "tandem") konieczne jest podanie % wzrostu wydajności tandemu. Schemat rekomendowania rurociągów pokazany jest na rys. 1 linią przerywaną.

Przedstawiona tutaj aplikacja jest wykorzystywana przez Kazan Motor Manufacturing Association JSC (KMPO JSC) do wyboru optymalnych trybów tandemowych tandemów KS.

Valery Evgenievich Trusov, valetsoft@yandex.ru

freelancer, Kazan

TRYBY PRACY TANDEMU STACJI KOMPRESOROWEJ.

Słowa kluczowe: tłocznie, agregaty sprężarkowe gazu, GPA, wspólne tryby pracy tandemowych tłoczni.

Opracowano arkusze kalkulacyjne do obliczania optymalnych trybów pracy

Wspólna praca tandemu stacji kompresorowych w zależności od temperatury powietrza otoczenia.

W związku z zagospodarowaniem złóż gazu (spadek ciśnienia na głowicy odwiertu) istnieje potrzeba wybudowania dodatkowej stacji kompresorowej - niskociśnieniowej stacji kompresorowej (LPC), pracującej przy spadającym ciśnieniu przy odbiorze kompresorów swoich zespołów kompresorowych gazu (GPA). Gaz sprężony w tłoczni ND jest następnie doprowadzany do tłoczni wysokiego ciśnienia (HPC), a następnie do gazociągu przesyłowego. Tryb pracy tandemu tłoczni (wspólny punkt pracy) jest określony przez przecięcie charakterystyki ciśnieniowej stacji, a mianowicie krzywej ciśnienia tłoczenia tłoczni z linią ciśnienia ssania tłoczni plus strata ciśnienia hydraulicznego w urządzeniach międzystanowiskowych. Istnieje możliwość zwiększenia średniej rocznej wydajności tandemowej ze względu na zależność dostępnej mocy napędu sprężarki (zespół turbiny gazowej (GTU)/ turbiny mocy) od temperatury otoczenia (powietrza) (patrz rys.1).

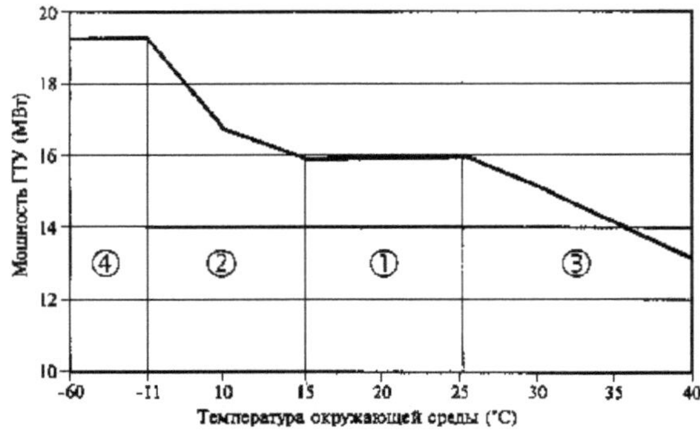

Rys. 1 Typowa charakterystyka GTU.

Rys.2 przedstawia zrzut ekranowy zmodyfikowanej aplikacji. Dla sezonu letniego tryb pracy jest reprezentowany przez punkt A. Tryb zimowy (punkt B) charakteryzuje się wydajnością tandemową zwiększoną o ok. 10 %, przy czym nie ma wzrostu mocy IA CS, ponieważ prędkość obrotowa ich wirników jest zmniejszona. Dlatego też różne algorytmy regulacji sezonowej zapewniają zwiększoną średnią roczną wydajność tandemów.

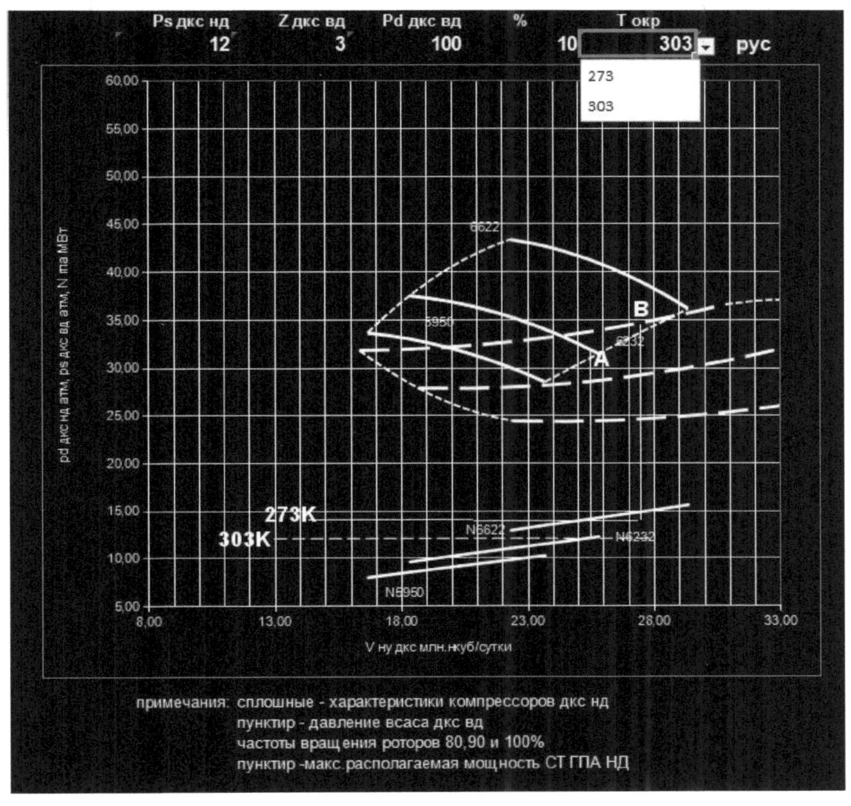

Rys.2 Sezonowe tryby pracy tandemowej stacji sprężarek.

Tabele formatu międzyplatformowego . Tabele międzyplatformowe xls są wolne od makr, mają dwujęzyczny interfejs i zostały pomyślnie przetestowane w Windows XP+/MS Office 2003 Excel/LibreOffice Calc/WPS SpreadSheets; Linux Mint/LibreOffice SpreadSheets; Android 2.3.6+/ WPS SpreadSheets. Dane źródłowe są wybierane z list, więc nie jest trudno nauczyć się korzystać z aplikacji.

ALGORYTM STEROWANIA SPRĘŻARKĄ ODŚRODKOWĄ

Cowards VE.
Freelancer, Kazan.
Trusov V.E.

Freelancer, Kazan City

e-mail: valetsoft@yandex. ru

Streszczenie. Przy opracowywaniu i realizacji projektów odśrodkowych agregatów sprężarkowych, sprężających mieszankę gazową w dwóch etapach, a mianowicie: tandemów sekcji sprężarki dwusekcyjnej, tandemów sprężarek jednokadłubowych lub stacji sprężarkowych, w instytutach projektowych i/lub przedsiębiorstwach budujących sprężarki, istnieje konieczność opracowania prawidłowej specyfikacji i prawa regulacji zapewniających optymalne tryby bezawaryjnej pracy takich agregatów sprężarkowych. Z reguły firmy produkujące sprężarki używają specjalnego oprogramowania na wszystkich etapach pracy. Specjalne oprogramowanie, które nie jest dostępne dla instytutów projektowych i wyspecjalizowanych przedsiębiorstw - twórców systemów automatycznego sterowania, czyni ich całkowicie zależnymi od firm produkujących sprężarki. Przy zmiennym ciśnieniu na odbiorze i wtrysku tandemowym, zastosowanie napędów o regulowanej prędkości obrotowej wymaga dużej objętości obliczeń charakterystyki ciśnienia i ich przetwarzania. Jednocześnie charakterystyka ciśnieniowa poszczególnych sprężarek (sekcji) tandemu w jednym trybie pracy w zależności od ciśnień na wlocie i wylocie tandemu jest obowiązkowa dla dostawy w objętości oferty techniczno-handlowej (obliczonej) oraz zgodnie z wynikami testów dynamiki gazu (eksperymentalnej). Celem autora było opracowanie autonomicznego (nie wymagającego dodatkowych obliczeń według specjalnych programów) zastosowania formatu xls z intuicyjnym interfejsem, który wykorzystuje jako dane wejściowe charakterystykę ciśnień sprężarek (sekcji) w jednym trybie na podstawie ciśnień przy odbiorze tandemowym i wtrysku tandemowym, przy jednoczesnym obliczaniu optymalnych punktów wspólnej pracy na innych trybach, w warunkach zmiennych ciśnień przy odbiorze tandemowym i wtrysku oraz tworzeniu prawa regulacji tandemowej.

Dla instytutów projektowych, przedsiębiorstw zajmujących się budową sprężarek oraz twórców automatyki opracowano uniwersalny i autonomiczny, wieloplatformowy pakiet oprogramowania tworzący algorytm optymalnej regulacji tandemów (sekcji) sprężarek odśrodkowych oraz oceny sił osiowych (sprężarki dwusekcyjne) przy głębokich zmianach ciśnienia na ssaniu i tłoczeniu.

Słowa kluczowe: agregaty sprężarkowe, agregaty pompowania gazu, tryby łączone, ekonomiczne sposoby regulacji, algorytm układu regulacji, dwie sekcje wstecz.

Konstrukcja indywidualnych, napędzanych turbiną gazową stacji sprężarek wspomagających (GCS), które pracują przy spadku ciśnienia na wlocie sprężarki w miarę rozwoju pola gazowego, wymaga zestawu części o zmiennym przepływie (VFR) oraz sposobu przełączania korpusu rekompresyjnego. Wykazano, że rozwiązanie tego problemu jest możliwe tylko w obecności nowoczesnych programów do dynamicznych obliczeń gazowych z dużą bazą danych [1,2]. W wielu przypadkach, w celu rozwoju w głębokim polu, w pierwszym etapie kompresji do już istniejących wysokociśnieniowych systemów DCS (HPCS) dodawane są niskociśnieniowe systemy DCS (LPCS). Niezależna regulacja prędkości obrotowej wirników sprężarek gazowych (GCU), możliwość odłączania/podłączania poszczególnych GCU systemu DCS znacznie rozszerza zakres optymalnej (przy maksymalnej wydajności) i ekonomicznej (bez dławienia przepływu i/lub omijania przy stałej MFR) regulacji tandemowej [3].

W wysokociśnieniowych zespołach sprężarek odśrodkowych gaz jest sprężany w dwóch stopniach. Przykładami konstrukcji takich maszyn są: jednokadłubowa sprężarka dwusekcyjna, dwukadłubowa sprężarka jednosekcyjna, tandemowe agregaty sprężarkowe i stacje, niezależnie od konstrukcji sprężarek tandemowych. Stąd ta klasa urządzeń reprezentuje tandemy sekcji lub obudów.

Przy obliczeniach konkretnego tandemu stacji kompresorowych autor pokazał, że w zakresie ciśnień zasysania od 6 do 14 atm możliwe jest wdrożenie optymalnej (przy maksymalnej wydajności) i ekonomicznej metody regulacji (bez dławienia i omijania) stacji tandemowych poprzez zmianę prędkości obrotowej wirników zespołów pomp gazowych stacji i zmianę liczby pracujących GPA. Aplikacja obliczeniowa była pojedynczym plikiem w formacie xls, a obliczenia dyskretnych trybów pracy złącza wykonywano za pomocą specjalnego oprogramowania.

Kontynuując ten wątek, autor opracował uniwersalny i autonomiczny międzyplatformowy pakiet oprogramowania do tworzenia algorytmu optymalnej regulacji tandemów sprężarek odśrodkowych (sekcji) oraz oceny sił osiowych (sprężarki dwusekcyjne), co nie wymaga stosowania specjalistycznego oprogramowania.

Pakiet zawiera trzy pliki xls (MS Excel 2003+): plik z kwestionariuszem (arkusz danych. xls), rzeczywistą aplikację obliczeniową (CCCalgol. xls) oraz plik wynikowy (algol. xls) z parametrycznym wzorem aproksymacji dla regulacji (zależność "prędkości" od ciśnienia ssania i tłoczenia). (Rysunek 1)

Ulepszenia i dodatki do poprzednich aplikacji. Opracowane aplikacje zasadniczo różnią się od poprzednich wersji. Dane wejściowe (plik z kwestionariuszem) są minimalizowane (charakterystyki ciśnieniowe sprężarek (sekcji) tandemu są definiowane przez trzy punkty w jednym trybie przez ciśnienie ssania i tłoczenia). Charakterystyki ciśnień są obowiązkowe przy dostawie przez dewelopera: obliczane w ofercie techniczno-handlowej dla organizacji projektowych w celu utworzenia specyfikacji technicznej i eksperymentalnej na podstawie wyników badań gazowo-dynamicznych instalacji dla oddziałów lub wydzielonych przedsiębiorstw automatyki.

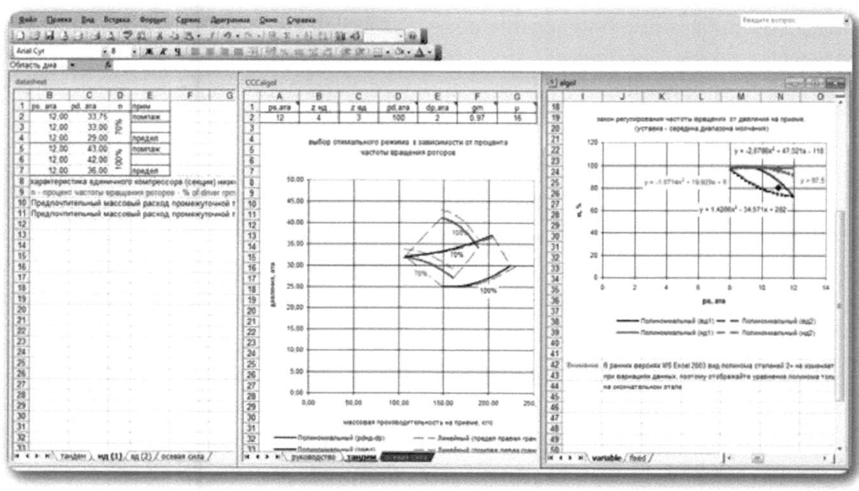

Rys.1 Fragmenty trzech plików pakietu, otwarte w jednym oknie.

Dane wejściowe są domyślne.

Właściwie obliczenia zostały uzupełnione o następujące istotne parametry (zrzut ekranu poniżej): straty ciśnienia międzystanowiskowego (przecięcia) i odprowadzanie kondensatu, zmiana liczby GPA w stacji niskociśnieniowej (włączenie rezerwowego GPA do pracy na końcowym etapie pompowania pola), masa cząsteczkowa mieszanki do przeliczenia charakterystyki z mas na "normalne" kostki. Pokażmy następujące zrzuty ekranu z efektu podłączenia rezerwowego agregatu pompowego stacji niskiego ciśnienia w końcowych etapach pompowania pola. (rysunek 2)

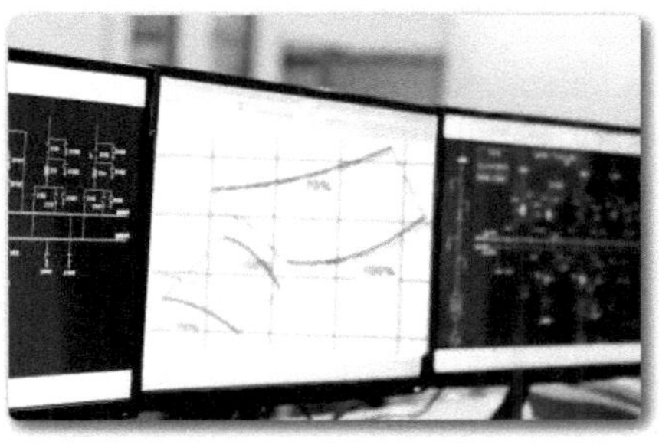

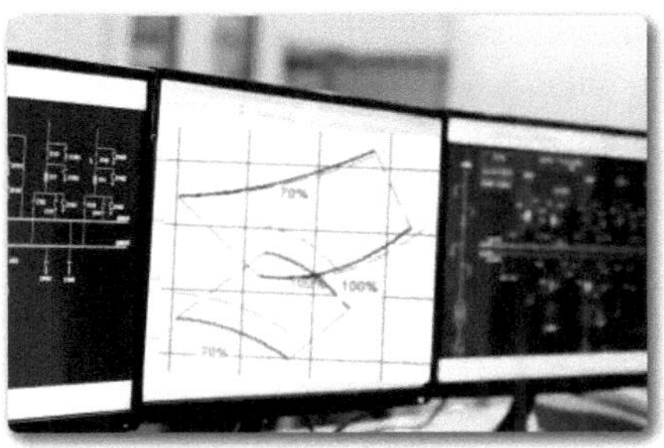

Rys. 2 Podłączenie rezerwowej stacji niskiego ciśnienia GCU w końcowej fazie pompowania, bez obejścia zwiększy wydajność tandemu.

Prawo regulacji tandemowej stacji sprężarek jest tworzone jako wielomianowe przybliżenia parametryczne:

$$nnd = A2(pd)*ps2 + A1(pd)*ps + A0(pd);$$

$$n_{dou} = B2(pd)*ps2 + B1(pd)*ps + B0(pd);$$

Gdzie:

- n n n_d - wartości zadane (środek zakresu "cichego" sprzężenia zwrotnego) prędkości, odpowiednio, stacji GPA i wysokiego ciśnienia.
- ps - nacisk na odbiór tandemowy (wellhead),
- ciśnienie pd na ciśnienie tandemowe (w rurze),
- Ai i Bi są współczynnikami przybliżenia. (jak typowo: głębokość regulacji prędkości obrotowej napędu turbiny gazowej wynosi 30%, a zakres "ciszy" wynoszący co najmniej 5% wielomianów liniowych będzie wystarczający w przybliżeniu na ciśnienie tłoczenia).

Równolegle z przybliżeniami tworzony jest harmonogram wyłączania/włączania lub przełączania poszczególnych stacji GPA w celu realizacji optymalnych trybów tandemowych bez dławienia przepływu i omijania. Zrzut ekranu z arkusza "zmiennej" pliku "algol" - tworzenie prawa regulacji pokazano na rysunku 3.

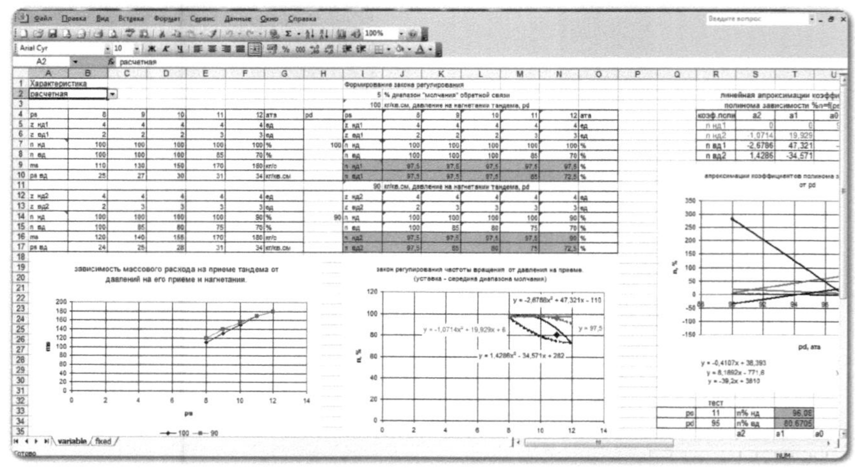

Rys. 3 Fragment pliku wynikowego formacji

prawa regulacji.

Przedstawione tu oprogramowanie może być używane w systemie automatyki (ACS) oraz jako monitor trybu bieżącego (zielona kropka na rysunku 4).

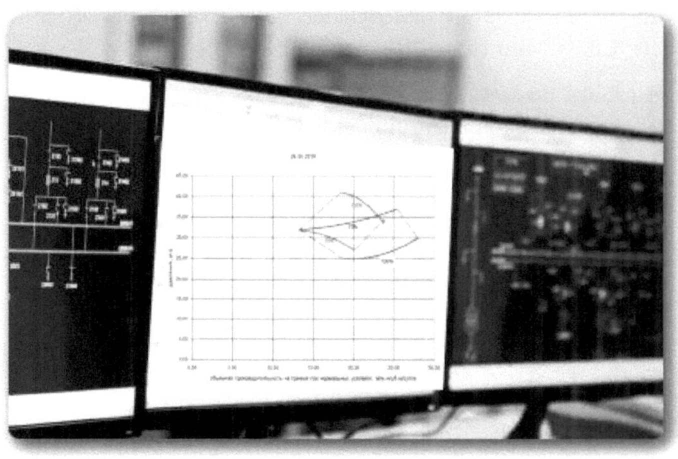

Rys. 4 Fragment monitorowania bieżącego trybu tandemowego.

Innym możliwym zastosowaniem pakietu oprogramowania będzie możliwość oceny sił osiowych dwusekcyjnej sprężarki z położeniem wirników "z powrotem do tyłu". W przypadku głębokiego pompowania, taka konstrukcja sprężarek stacji jest typowa. Eksploatacja stacji w nieobliczonych trybach może spowodować awarię GPA.

Ocena sił osiowych (sprężarka dwusekcyjna) przy głębokiej zmianie ciśnienia na ssaniu i tłoczeniu jest dokonywana przez równoważną niewyważoną powierzchnię sekcji zredukowaną do różnicy w sekcjach dla jednego trybu pracy.

W sprężarkach z napędem o stałej częstotliwości w warunkach takich jak zmiany składu chemicznego sprężonej mieszaniny gazów, dławienie przepływu pozostaje jedyną metodą regulacji. W przypadku braku analizatorów gazów, mierzona moc napędu (silnika) może być sygnałem odniesienia dla sprzężenia zwrotnego.

Powyższe możliwości i przeznaczenie oprogramowania były związane z ustalonymi trybami pracy, jednakże przedstawiona aplikacja może być wykorzystywana do tworzenia cykli wyłączeń awaryjnych (możliwą przyczyną zniszczenia dwusekcyjnej sprężarki może być reset salwy podczas jej awaryjnego wyłączenia).

Tabele cross-platform .xls są wolne od makr i zostały pomyślnie przetestowane w Windows XP+/MS Office 2003 Excel/LibreOffice Calc/WPS SpreadSheets; Linux Mint/LibreOffice SpreadSheets.

Standardowa dostawa obejmuje 4 foldery: 3 foldery z identycznymi plikami, ale różnymi danymi źródłowymi oraz folder "monitor", którego plik obliczeniowy jest uzupełniony o zbliżenie prawa regulacji (rysunek 5).

Rys. 5 Pakiety oprogramowania w dostawie standardowej.

Wnioski

Bezmakroskopijne aplikacje xls z intuicyjnymi interfejsami i wizualnymi rozwiązaniami grafomanalitycznymi mogą być z powodzeniem stosowane zarówno przez specjalistów, jak i studentów uczelni i uniwersytetów, w tym z wykorzystaniem dowolnie rozmieszczonych arkuszy kalkulacyjnych.

Literatura

1. Akhmetzyanov A.M., Guzelbaev Ya.Z., Pashinkin D.V. Agregaty sprężarkowe z napędem turbin gazowych do odwiertów naftowych i gazowych // Specjalistyczne czasopismo informacyjno-techniczne "Turbiny i olej napędowy": http://www.turbine-diesel.ru, listopad-grudzień 2015. C.10-15.

2. Biktimerow S.S., Almyashov F.N., Moiseev A.M., Kharitonov A.P. Pashinkin D. V. Nowoczesne sprężarki odśrodkowe do transportu i związanego z nimi przetwarzania gazu ziemnego: nowe rozwiązania techniczne i możliwości // Wydawnictwo Gazoturbinnye tekhnologii: http://www. gtt. ru, kwiecień-maj 2016. C.1-3

3. Trusov, V.E. Tandem stacji kompresorowych (w języku rosyjskim) // Transport rurociągowy - 2018: Przebieg XIII Międzynarodowej Konferencji Naukowo-Praktycznej o charakterze edukacyjnym. Ufa: zbiór raportów, 2018. C.419-420.

Valery Evgenievich Trusov, valetsoft@yandex.ru

freelancer, Kazan

REGULACJA TANDEMOWA STACJI KOMPRESOROWEJ.

Słowa kluczowe: tłocznie, agregaty sprężarkowe gazu, GPA, wspólne tryby pracy tandemowych tłoczni.

Opracowano arkusze kalkulacyjne do obliczania optymalnych trybów pracy

wspólna praca tandemu stacji kompresorowych.

W związku z zagospodarowaniem złóż gazu (spadek ciśnienia na głowicy odwiertu) istnieje potrzeba wybudowania dodatkowej stacji kompresorowej - niskociśnieniowej stacji kompresorowej (LPC), pracującej przy spadającym ciśnieniu przy odbiorze kompresorów swoich zespołów kompresorowych gazu (GPA). Gaz sprężony w tłoczni PD trafia następnie do tłoczni wysokiego ciśnienia (HPC), a następnie do gazociągu przesyłowego [1].

Dzięki niezależnej regulacji prędkości obrotowej napędów agregatów pompujących gaz oraz możliwości wyłączania/włączania poszczególnych agregatów, można realizować optymalne tryby pracy stacji (tryby pracy z maksymalną wydajnością) bez stosowania dodatkowych wymiennych części przepływowych sprężarek oraz z ekonomicznym układem sterowania (bez obejścia i dławienia przepływu) w pełnym cyklu głębokiego pompowania gazu (rys. 1).

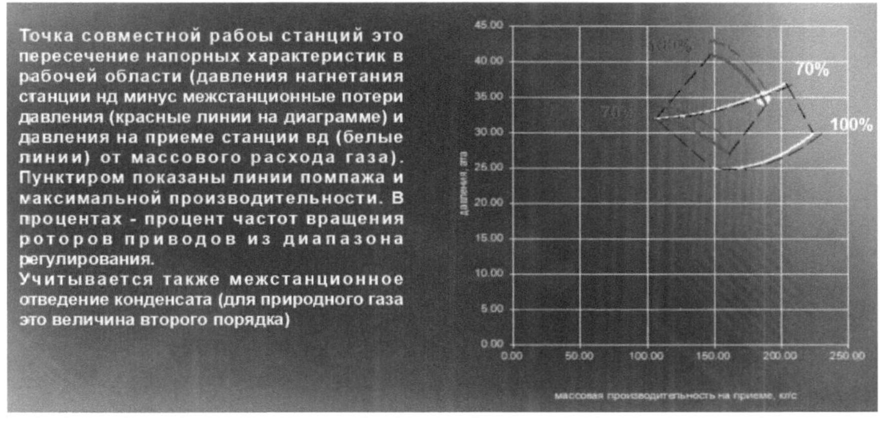

Rys.1 Wybór optymalnego trybu pracy

Gdy ciśnienie na odbiorze tandemowym spada (na głowicy odwiertu), obszar roboczy hpa stacji niskiego ciśnienia przestaje przekraczać obszar roboczy hpa stacji wysokiego ciśnienia (lewy wykres na Rysunku 2). Wyłączenie jednego z urządzeń pozwala na powiększenie obszaru trybów pracy złącza (prawy wykres na Rysunku 2, jedno z trzech urządzeń jest wyłączone).

W tym samym celu, ale z przesunięciem charakterystyki hpa stacji niskiego ciśnienia prowadzi do aktywacji rezerwy hpa na ostatnich etapach pompowania.

Opracowana aplikacja pozwala również na uwzględnienie cech konstrukcji GPA podczas pracy w warunkach ekstremalnych (rysunek 3).

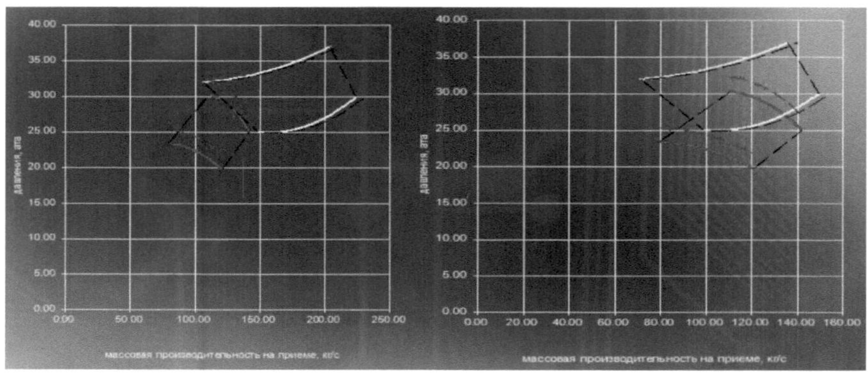

Rys.2 W przypadku spadku ciśnienia na odbiorze tandemowym racjonalne jest wyłączenie jednego z OSO w IA CS.

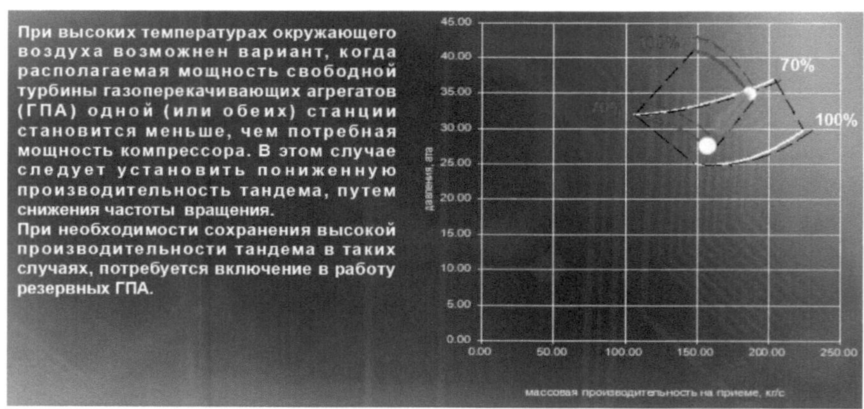

Rys.3 Wyjątkowe tryby pracy w tandemie.

Opracowano międzyplatformowy pakiet oprogramowania do tworzenia algorytmu optymalnej regulacji tandemów (sekcji) sprężarek odśrodkowych oraz szacowania sił osiowych (sprężarka dwusekcyjna) przy głębokiej zmianie ciśnienia na ssaniu i tłoczeniu dla instytutów projektowych, przedsiębiorstw zajmujących się budową sprężarek oraz twórców automatyki (w przeciwieństwie do poprzedniej implementacji [1,2]). Wszystkie przedstawione tutaj schematy są wykonywane w zapowiadanym pakiecie oprogramowania.

Aplikacja xls jest wykonana w bezpłatnym arkuszu kalkulacyjnym WPS Office Spreadsheet, nie zawiera żadnych makr i została przetestowana m.in. na smartfonach i tabletach.

Walerij Jewgienijewicz Trusow

OCENA STRAT CIŚNIENIA HYDRAULICZNEGO NA URZĄDZENIACH PRZECIĘCIACH.

Wielkość strat ciśnienia w jednym z trybów wsparcia (obliczona lub doświadczalna) pozwoli na oszacowanie równoważnego współczynnika oporu hydraulicznego (w tym przypadku interstacja (urządzenia międzysegmentowe)) oraz strat ciśnienia w innych trybach pracy. Opracowano program obliczeniowy (xls-appendix) z wykorzystaniem funkcji dynamiki gazowej, uzyskane wyniki pozwolą na określenie prawa regulacji tandemów sekcji (stacji) pracujących w trybach zmiennych [1,2].

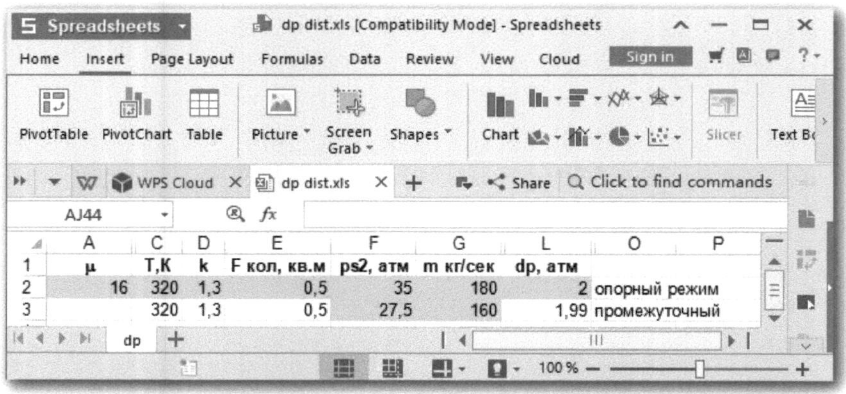

	A	C	D	E	F	G	L	O	P
1	μ	T,K	k	F кол, кв.м	ps2, атм	m кг/сек	dp, атм		
2	16	320	1,3	0,5	35	180	2	опорный режим	
3		320	1,3	0,5	27,5	160	1,99	промежуточный	

Podany jest przykład testowy dla wyłącznych danych trybu pracy [2].

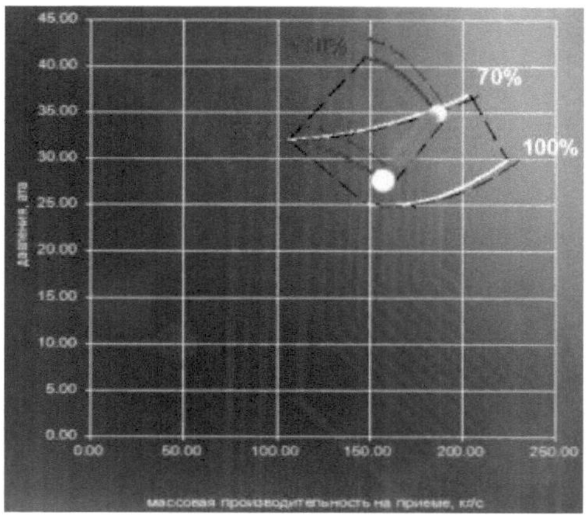

Zgodnie z wynikami obliczeń straty ciśnienia pozostają tu praktycznie bez zmian. Rozważmy osobno metodę numerycznego rozwiązywania równań transcendentalnych za pomocą arkuszy kalkulacyjnych używanych przez autora do wyznaczenia danej prędkości przepływu (λ) (i prędkości bezwzględnej w) przez wartość funkcji gaz-dynamicznej q(λ). System relacji przedstawiony poniżej:

Критическая скорость:

$$a_{кр} = a_0\sqrt{\frac{2}{k+1}} = \sqrt{\frac{2kRT^*}{k+1}}$$

Приведенная скорость:

$$\lambda = \frac{w}{a_{кр}}$$

Газодинамичекие функции:

$$q = \left(\frac{k+1}{2}\right)^{\frac{1}{k-1}} \lambda \left(1 - \frac{k-1}{k+1}\lambda^2\right)^{\frac{1}{k-1}}$$

Формула расхода:

$$m_{вх} = q(\lambda)\left(\frac{2}{k+1}\right)^{\frac{1}{k-1}} \frac{p^*}{RT^*}\sqrt{2\frac{k}{k+1}RT^*} \cdot F = \sqrt{\left(\frac{2}{k+1}\right)^{\frac{k-1}{k-1}} \frac{k}{R}} \cdot F \frac{p^*}{\sqrt{T^*}} q(\lambda).$$

Величина

$$m = \sqrt{\frac{2}{k+1}^{\frac{k+1}{k-1}} \frac{k}{R}}$$

Потери давления:

$$dp = \xi * \rho * w^2/2$$

przy znanych parametrach gazowo-dynamicznych i termofizycznych oraz znanym masowym natężeniu przepływu, jest zredukowany do równania gatunkowego:

$q(\lambda)$ = konst

Dowiedz się, jak wdrożyć rozwiązanie numeryczne na zrzutach ekranu WPS 2019 Free.

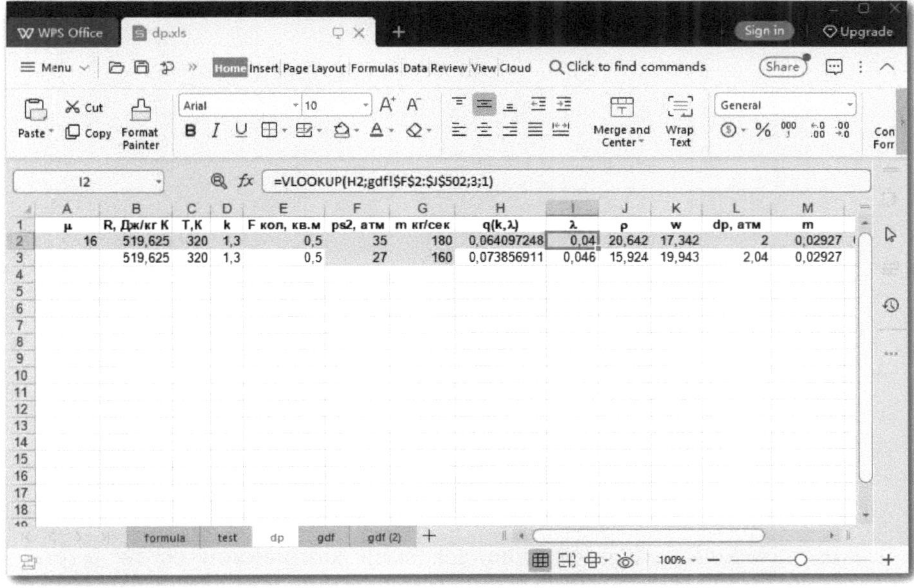

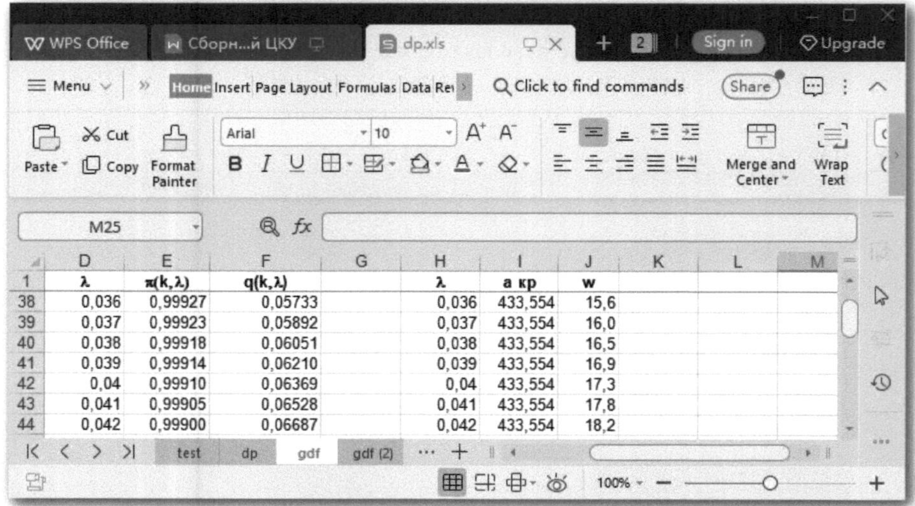

	D	E	F	G	H	I	J
1	λ	π(k,λ)	q(k,λ)		λ	a кр	w
38	0,036	0,99927	0,05733		0,036	433,554	15,6
39	0,037	0,99923	0,05892		0,037	433,554	16,0
40	0,038	0,99918	0,06051		0,038	433,554	16,5
41	0,039	0,99914	0,06210		0,039	433,554	16,9
42	0,04	0,99910	0,06369		0,04	433,554	17,3
43	0,041	0,99905	0,06528		0,041	433,554	17,8
44	0,042	0,99900	0,06687		0,042	433,554	18,2

1. Trusov, V.E. Algorytm regulacji odśrodkowych agregatów sprężarkowych (w języku rosyjskim) // Technologie informacyjne. Problemy i rozwiązania: Przebieg międzynarodowej konferencji naukowo-praktycznej IT-Dni 2019. Ufa: kolekcja artykułów, 2019. C.23-29.

2. Trusov, V.E. Regulacja tandemowych stacji kompresorowych (w języku rosyjskim) // Transport rurociągowy - 2019: przebieg XIV Międzynarodowej Konferencji Edukacyjno-Praktycznej. Ufa: zbiór raportów, 2019. C.415-417.

PODSUMOWANIE

Prawie wszystkie zaprezentowane powyżej artykuły są zapowiedziami oprogramowania aplikacyjnego, a wyżej wymienione podstawowe źródła są publikowane (publikowane) w bibliotece cyfrowej eLibrary.

Poniżej znajduje się lista prac związanych z tłoczeniem gazu z odłączonych odcinków głównych gazociągów, które nie są ujęte w niniejszym zbiorze artykułów (i choć prace te były tu prowadzone wcześniej, kontynuowano numerację przelotową):

10. Chistyakov A.I., Vagapov R.Z., Sklyarov A.M., Yagfarov I.K., Galeev A.M., Evgeniev S.S., Kolomitsev E.V., Trusov V.E. Instalacje pompowania gazu z odłączonych odcinków głównych gazociągów // Przebieg II Międzynarodowego Sympozjum "Konsumenci - producenci sprężarek", Sankt Petersburg, 1996.

11. Evgeniev, S.S.; Khisameev, I.G.; Trusov, V.E.; Ilyin, B.A.; Sharapov, L.E.; Raimov, R.H.; Sklyarov, A.M.; Grebenshikov, G.V. Mobilna tłocznia do pompowania gazu z obszaru zamkniętego MG (po rosyjsku) // Przemysł gazowy № 5, 1998.

12) Trusov V.E. Deep gas pumping by compressors of moderate degrees of compression // Design and research of compressor machines, collection of scientific papers, issue 4, NIITK, Kazań, 1999.

MIX
Papier aus verantwortungsvollen Quellen
Paper from responsible sources
FSC® C105338

Printed by Books on Demand GmbH, Norderstedt / Germany